技工院校机械类专业通用（高级技能层级）

机床夹具（第六版）习题册

孙喜兵　主编

中国劳动社会保障出版社

简介

本习题册是技工院校机械类专业通用教材（高级技能层级）《机床夹具（第六版）》的配套用书。本习题册紧扣教学要求，按照教材章节顺序编排，知识点分布均衡，题型丰富多样，难易配置适当，有助于学生复习巩固所学知识。

本习题册由孙喜兵任主编，徐小燕任参编，崔兆华任主审。

图书在版编目（CIP）数据

机床夹具（第六版）习题册 / 孙喜兵主编. -- 北京：中国劳动社会保障出版社，2025. --（技工院校机械类专业通用）. -- ISBN 978-7-5167-7042-9

Ⅰ. TG751. 1-44

中国国家版本馆 CIP 数据核字第 2025D5L762 号

中国劳动社会保障出版社出版发行

（北京市惠新东街 1 号　邮政编码：100029）

*

北京市科星印刷有限责任公司印刷装订　　新华书店经销

787 毫米 × 1092 毫米　16 开本　3. 25 印张　73 千字

2025 年 4 月第 1 版　　2025 年 4 月第 1 次印刷

定价：8. 00 元

营销中心电话：400 - 606 - 6496

出版社网址：https://www. class. com. cn

https://jg. class. com. cn

目　录

第一章　机床夹具基础知识

第一节　机床夹具概述

一、填空题（将正确答案填写在横线上）

1. 根据机械加工工艺规程要求，在加工中用来正确地确定________及________的相对位置，并且合适而迅速地将它们夹紧的一种________称为机床夹具。

2. 通常，夹具按其通用化程度分为________、________、________、________、________、________六大类。

3. 机床夹具一般由________、________、________三大主要部分组成。

4. 根据不同的使用要求，机床夹具还可以设置________装置、________装置、________机构及其他辅助装置。

5. 夹具按适用的机床及其工序内容的不同，可以分为________夹具、________夹具、________夹具、________夹具、________夹具、齿轮加工机床夹具、电加工机床夹具、数控机床夹具等。

6. 通用夹具具有________、________特点，由专门厂家生产，有些则作为________直接提供给用户。

二、选择题（将正确答案的代号填入括号内）

*1. 工件在机床上加工时，通常由夹具中的（　）来保证工件相对于刀具处于一个正确的位置。

A. 定位装置　　B. 夹具体

C. 夹紧装置　　D. 辅助装置

2. 机用虎钳是常用的（　）。

A. 专用夹具　　B. 通用夹具

C. 拼装夹具　　D. 组合夹具

3. 下列夹具中，（　）不是专用夹具。

A. 钻床夹具　　B. 铣床夹具

C. 车床夹具　　D. 三爪自定心卡盘

---

* 本习题册中标记 * 的题目为选做题。

4. (　　) 是夹具的核心部分。

A. 定位装置　　B. 夹紧装置

C. 夹具体　　D. V 形块

5. (　　) 是一种由预先制造好的标准元件和组件组装而成的模块化的夹具。

A. 组合夹具　　B. 专用夹具

C. 通用夹具　　D. 数控机床夹具

6. 在机床夹具中，V 形块通常作为 (　　) 使用。

A. 夹具体　　B. 夹紧装置

C. 辅助装置　　D. 定位元件

7. 下列说法中，不正确的是 (　　)。

A. 一般情况下，机床夹具具有使工件在夹具中定位和夹紧两大作用

B. 夹具相对于机床和刀具的位置正确性，要靠夹具与机床、刀具的对定来保证

C. 工件被夹紧后，就自然实现了定位

D. 定位和夹紧是两回事

8. 下列装置中，不属于夹具组成部分的是 (　　)。

A. 对刀装置　　B. 回转分度装置

C. 夹紧装置　　D. 变速装置

三、判断题 (正确的打"√"，错误的打"×")

1. 一般来说，通用夹具是机床夹具中的主要研究对象。(　　)
2. 工件安装时，采用找正定位比采用夹具定位效率更高、精度更高。(　　)
3. 机床夹具只能用于工件的机械加工工序中。(　　)
4. 夹具体是整个夹具的基础和骨架。(　　)
5. 机床夹具一般已标准化、系列化，并由专门厂家生产。(　　)
6. 定位装置一般由各种标准或非标准定位元件组成，它是夹具工作的核心部分。(　　)
7. 自动、高效夹具的实际应用，可以相应地降低对操作工人的装夹技术要求。(　　)
8. 夹具的作用之一就是通过夹紧装置来消除工件位置的不确定性。(　　)
9. 在数控机床上加工工件，无须采用专用夹具。(　　)
10. 所有机床夹具都必须设置夹紧装置。(　　)
11. 在车床夹具中，花盘通常作为定位元件。(　　)
12. 夹具可以使装夹方便、快捷，减轻工人的劳动强度，但由于设计、制造较为麻烦，影响了劳动生产效率。(　　)

四、简答题

1. 机床夹具在生产中有什么作用？

2. 机床夹具三大主要组成部分的作用分别是什么？

3. 简述专用夹具的作用及其特点。

第二节　夹具的要求和设计前期准备

一、填空题（将正确答案填写在横线上）

1. 一般来说，夹具设计可分为________、________、________、绘制夹具零件图四个阶段。

2. 企业设备的精度水平及配备的动力资源情况，直接决定了夹具的________及________。

3. 根据所起作用和应用场合，基准可分为________和________两类。

4. 设计机床夹具时，应满足四个方面基本要求，具体为________、________、________、________。

5. 夹具设计中，应根据________，正确、合理地确定________，尽量选择加工表面的________为定位基准。

二、选择题（将正确答案的代号填入括号内）

1. 下列选项中，不属于夹具的定位与夹紧应满足的基本要求的是（　　）。

A. 保证满足本工序的加工精度要求

B. 提高机械加工生产效率

C. 降低工件的生产成本

D. 具有良好的工艺性

2. （　　）不属于夹具设计时工件图样分析的主要内容。

A. 了解工件的加工工艺过程

B. 明确本工序在整个加工工艺过程中的位置

C. 了解企业设备的精度水平

D. 掌握本工序加工精度要求及工件已加工表面情况

3. 下列说法中，正确的是（　　）。

A. 设计基准包括工序基准、定位基准、测量基准和装配基准

B. 工艺基准包括工序基准、定位基准、测量基准和装配基准

C. 工序基准包括设计基准、定位基准、测量基准和装配基准

D. 以上说法都不对

4. 工件一般有两类加工精度要求，即（　　）。

A. 尺寸精度和位置精度　　B. 尺寸精度和表面粗糙度

C. 位置精度和表面粗糙度　　D. 表面粗糙度和热处理

5. 夹具设计中，应选择（　　）作为定位基准。

A. 毛坯表面

B. 与加工表面无直接关系的表面

C. 较小的表面

D. 加工表面的工序基准

三、判断题（正确的打“√”，错误的打“×”）

1. 定位基准面是表明工件与定位元件接触或配合之处的平面。（　　）

2. 设计机床夹具时，应尽量使工件的定位基准与工序基准重合。（　　）

3. 定位基准是确定工件在夹具中位置的要素，它一般为工件上与夹具定位元件相接触的表面，也可以为工件上的几何中心、对称线、对称面等。（　　）

4. 工序基准用来确定工件在机床上或夹具中的正确位置。（　　）

四、简答题

*1. 从夹具设计角度出发，定位基准的选择有哪些原则？

2．设计机床夹具时应准备哪些资料？

3．简述基准的分类及其作用。

4．简述定位基准与定位基准面的区别。

第二章　工件的定位

第一节　六 点 定 则

一、填空题（将正确答案填写在横线上）

1. 工件加工通常要经历__________、__________、__________的过程。

2. 工件在夹具中位置的确定是通过工件表面（定位基准面）与夹具中定位元件的________________或________________来实现的。

3. 工件在某一预先设定的空间直角坐标系中定位时，其空间位置不确定程度的六个位置参量称为__________________________。

4. 表示工件空间位置的自由度的符号是________、________、________、________、________、________。

5. 任何一个未在夹具中定位的工件，其空间位置具有六个自由度，即沿三个坐标轴的____________自由度、绕三个坐标轴的____________自由度。

6. 对于箱体类工件的定位，夹具上常设置三个不同方向上的定位基准来形成一个空间定位体系，称为________________。

7. 在夹具中，采用长 V 形块作为工件上圆柱表面的定位元件时，可限制工件的________个自由度，其中包括________个移动自由度和________个转动自由度。

8. 工件在夹具中定位时，其被夹具的定位元件限制了三个自由度的那个面，称为______________________。

9. 对于轴类工件的定位，夹具一般以轴向尺寸较大的 V 形块的两个斜面与工件支承轴颈相接触，形成不共面的______点约束。

10. 为保证轴类工件前后工序的基准统一，一般在车床上采用__________的方式装夹。

二、选择题（将正确答案的代号填入括号内）

1. 通过工件表面（如 *XOY* 面）与三个定位点的接触，可限制工件的（　　）自由度。

   A. $\overset{\curvearrowright}{X}$、$\overset{\curvearrowright}{Y}$、$\vec{Z}$　　B. $\overset{\curvearrowright}{X}$、$\overset{\curvearrowright}{Y}$、$\overset{\curvearrowright}{Z}$

   C. $\vec{Y}$、$\overset{\curvearrowright}{Z}$、$\vec{X}$　　D. $\overset{\curvearrowright}{Y}$、$\overset{\curvearrowright}{Z}$、$\vec{X}$

2. 长圆柱工件在长套筒中定位，可限制（　　）自由度。

   A. 两个移动　　B. 两个转动

   C. 两个移动和两个转动　　D. 一个转动和三个移动

3. 当工件以加工过的平面与定位平面接触时，可限制工件的（　　）个自由度。

A. 两　　　　　　　　　　B. 三

C. 四　　　　　　　　　　D. 五

4. 用短圆柱销作为工件上圆柱孔的定位元件时，可限制工件的（　　）个自由度。

A. 两　　　　　　　　　　B. 三

C. 四　　　　　　　　　　D. 五

5. 在平行六面体上表面加工一个圆柱通孔，需限制（　　）个自由度方可满足加工条件。

A. 两　　　　　　　　　　B. 三

C. 四　　　　　　　　　　D. 五

6. 一般来说，对于盘类工件，考虑到安装的稳定性及夹紧可靠，常以其较大的端面作为（　　）。

A. 第一定位基准面　　　　B. 第二定位基准面

C. 第三定位基准面　　　　D. 定心基准

7. 圆柱体在短 V 形块上定位时，可限制（　　）自由度。

A. 三个　　　　　　　　　B. 一个

C. 两个移动　　　　　　　D. 两个转动

8. 轴套类工件以短圆柱销定位时，可限制（　　）自由度。

A. 两个转动　　　　　　　B. 两个移动

C. 一个转动、一个移动　　D. 任意两个

9. 圆柱体以短圆锥套定位时，可限制（　　）自由度。

A. 三个移动　　　　　　　B. 三个转动

C. 一个移动、两个转动　　D. 一个转动、两个移动

10. 套筒类工件装夹时为避免重复定位，采用长心轴与小端面支承凸台组合定位，以长心轴为主，限制（　　）自由度，小端面限制（　　）自由度。

A. $\overset{\curvearrowright}{X}$、$\overset{\curvearrowright}{Y}$、$\vec{Z}$、$\overset{\curvearrowright}{Z}$，$\vec{Y}$　　B. $\overset{\curvearrowright}{X}$、$\vec{X}$、$\vec{Z}$、$\overset{\curvearrowright}{Z}$，$\vec{Z}$

C. $\vec{Y}$、$\overset{\curvearrowright}{Z}$、$\overset{\curvearrowright}{Y}$、$\vec{X}$，$\vec{Y}$　　D. $\overset{\curvearrowright}{X}$、$\vec{X}$、$\vec{Z}$、$\overset{\curvearrowright}{Z}$，$\vec{Y}$

三、判断题（正确的打“√”，错误的打“×”）

1. 工件在夹具中定位时，在任何情况下都必须限制工件的六个自由度。（　　）

*2. 根据工序的具体加工要求，正确分析影响工件定位的自由度对夹具设计至关重要。（　　）

3. 机械加工是通过刀具和工件之间的相对运动来完成的。（　　）

4. 箱体类工件，只要工件的相应表面与对应分布的六个定位点同时接触，工件的位置就被唯一确定下来。（　　）

四、简答题

1. 什么是自由度？如何限制工件的自由度？

2. 什么是六点定则？

3. 简述箱体类工件定位的三基面体系是如何设定的。

第二节 工件定位

一、填空题（将正确答案填写在横线上）

1. 在大多数情况下，对工件的定位需要限制至少________个自由度，以确保工件得到稳定的位置。

2. 工件在夹具中六个自由度全部被限制的定位，称为__________。

3. 一般情况下，当工件的工序内容在 X、Y、Z 三个坐标轴方向上均有尺寸或几何精度要求时，需要在加工工位上对工件施行________定位。

4. 在平行六面体上铣削通槽时，需要限制______个自由度以满足加工要求。

5. 工件实际定位所限制的自由度数少于按其加工要求所必须限制的自由度数的情况，称为________。

6. 由于夹具上的定位支承点布局不合理，会导致工件的一个或几个自由度被重复限制的现象，这种重复限制工件自由度的定位称为__________。

二、选择题（将正确答案的代号填入括号内）

*1. 限制工件自由度数少于六个仍可满足加工要求的定位称为（　　）。

A. 完全定位　　　　B. 不完全定位

C. 欠定位　　　　　　　　　　D. 重复定位

2. 下列说法中，正确的是（　　）。

A. 任何情况下都必须限制工件的六个自由度

B. 一般来说，只要相应地限制那些对于本工序加工精度有影响的自由度即可

C. 不允许采用不完全定位方案

D. 欠定位方案有时也可采用

3. 在平行六面体上铣削不通键槽时，应采用（　　）方案。

A. 完全定位　　　　　　　　　　B. 不完全定位

C. 重复定位　　　　　　　　　　D. 欠定位

4. （　　）不是允许采用不完全定位的原因。

A. 某些自由度的存在不影响满足加工要求

B. 某些自由度不便限制

C. 某些自由度无法限制

D. 提高定位精度

5. 重复定位会产生除（　　）以外的不良后果。

A. 工件定位不稳定，增加了同批工件在夹具中位置的不一致性

B. 影响定位精度，降低加工精度

C. 影响加工表面的表面粗糙度

D. 工件或定位元件受外力后变形，以致无法夹紧或安装、加工

6. 下列方案中，（　　）不是避免重复定位的措施。

A. 长心轴与小端面支承凸台组合对轴套类工件定位

B. 短心轴与大端面支承凸台组合对轴套类工件定位

C. 长心轴与浮动端面组合对轴套类工件定位

D. 锥度心轴对轴套类工件定位

三、判断题（正确的打“√”，错误的打“×”）

1. 在平行六面体上铣削不通键槽时，无须限制工件的全部自由度。（　　）

2. 工件具有的自由度越少，说明工件的空间位置的确定性越差。（　　）

3. 工件加工需要进行完全定位时，其夹具定位元件应使工件的全部六个自由度都得到相应定位点的限制。（　　）

4. 在夹具定位方案设计中，不完全定位的例子通常比较少见。（　　）

5. 工件的某些自由度不便限制，甚至无法限制时，应考虑采用不完全定位方案。（　　）

6. 在某些欠定位情况下进行加工，仍然能保证工序所规定的加工要求。（　　）

7. 工件在夹具中定位时，如重复限制工件一个或多个自由度，可能会使工件定位不稳定，降低加工精度。（　　）

8. 欠定位不能保证加工精度要求，在确定工件的定位方案时，不允许发生欠定位这样的原则性错误。（　　）

9. 在确定工件的定位方案时，应尽量避免重复定位。但在机械加工生产中，常采用重

复定位。（　　）

*10. 为了便于夹紧或合理安放工件，实际采用的支承点数目常多于理论上要求的支承点数目。（　　）

四、简答题

1. 比较完全定位、不完全定位、重复定位和欠定位的异同。

2. 工件在夹具中定位，一定要限制六个自由度吗？为什么？

3. 试说明如图 2 - 1 所示工件定位时应分别限制哪些自由度。

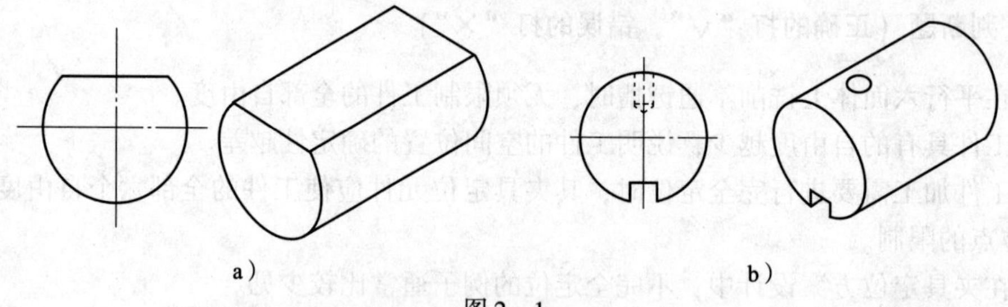

图 2 - 1

a）铣削平面　b）钻不通孔

第三节 定位元件

一、填空题（将正确答案填写在横线上）

1. ________支承不起定位作用，但能提高工件的安装刚度及稳定性。

2. 工件上常被选作定位基准的表面形式包括________、________、________和其他成形面及其组合。

3. 设计夹具时，对定位元件有下列基本要求：________、________、________、________。

4. 工件以平面定位时，所用的定位元件一般称为支承件。支承件分为________和________两类。

5. 基本支承是具有独立定位作用的支承，包括________、________和________。

6. 自位支承在支承部位只提供________个点的约束，所以，不管它与工件实际保持几点接触，都只能看成是________个定位点。

7. 常用的自位支承有________、________和________。

8. 为满足工作要求，可调支承在结构上应具备三个基本功能，即________、________、________。

9. 箱壳类和盖板类工件以圆柱孔作为定位表面时，最常用的夹具定位元件就是各类________。

10. 通常情况下，小定位销、固定式定位销靠销体安装部位与夹具安装孔间________过盈配合压入夹具体内。

11. 定位心轴有多种结构形式，在大批量生产中，应用较为广泛的典型结构有________、________、________。

12. 各类心轴以较长轴向尺寸与工件相接触时，一般理解为长销定位，可限制工件________个自由度。

13. 在机床夹具中，广泛应用各种类型的自动定心夹紧结构，这类结构在对工件施行夹紧的过程中，利用________或________、________等结构的等量移动原理，对工件的内、外回转表面施行自动定心定位。

14. 在加工轴类工件时，常以工件外圆柱面作为定位基准面，根据外圆表面的完整程度、加工要求和安装方式，可用________、________等作为定位元件。

15. 常用V形块两个工作斜面间的夹角一般分为________、________、________三种，其中________夹角的V形块应用最多，其结构及规格尺寸均已标准化。

16. 标准V形块的规格以V形槽________来划分。

17. 在V形块的制造及检验中，多用________来检验V形块的位置精度，其计算公式为________。

18. 对于大型轴类工件，可考虑采用____________作为定位元件，上半圆孔起________作用，下半圆孔起________作用。

19. 设计夹具时，采用的典型组合定位方式有________________________________、________________________________、一个平面和一个外圆柱面组合、其他组合等。

20. 为了适应加工定位的需要，工件上除采用典型表面作为定位基准面外，有时还采用________________、________________、________________等特殊表面作为定位基准面。

二、选择题（将正确答案的代号填入括号内）

1. 利用工件已精加工且面积较大的平面定位时，应选用的基本支承是（　　）。
   A. 支承钉　　B. 支承板
   C. 自位支承　　D. 可调支承

2. 关于定位元件，下列说法中错误的是（　　）。
   A. 采用 20 钢，工作表面渗碳层为 0. 8 ~ 1. 2 mm，淬硬至 55 ~ 60HRC
   B. 采用高速钢，淬硬至 60 ~ 64HRC
   C. 采用 T7A、T8A 工具钢，淬硬至 50 ~ 55HRC
   D. 采用 45 钢，淬硬至 40 ~ 45HRC

3. 下列说法中，正确的是（　　）。
   A. A 型支承钉为平头支承钉，适用于已加工平面的定位
   B. A 型支承钉为球头支承钉，适用于工件毛坯表面的定位
   C. B 型支承钉为球头支承钉，适用于已加工平面的定位
   D. B 型支承钉为齿纹头结构，常用于侧面定位

4. 工件上幅面较大、跨度较大的大型精加工平面，常被用作第一定位基准面，为使工件安装稳固可靠，大多选用（　　）来体现夹具上定位元件的定位表面。
   A. 支承板　　B. 支承钉
   C. 可调支承　　D. 辅助支承

5. 下列说法中，正确的是（　　）。
   A. A 型支承板为平面型支承板，此种结构有利于清理切屑
   B. B 型支承板为带容屑槽式支承板，多用于工件的侧面、顶面及不易存屑方向上的定位
   C. A 型支承板为平面型支承板，多用于工件的侧面、顶面及不易存屑方向上的定位
   D. B 型支承板为带容屑槽式支承板，此种结构有利于清理切屑

6. （　　）适用于工件支承部位空间比较紧凑的情况。
   A. 六角头支承　　B. 顶压支承
   C. 圆柱头调节支承　　D. 调节支承

7. 由于圆柱头调节支承结构中的滚花手动调节螺母具有手动快速调节功能，因此（　　）也经常用作辅助支承元件。
   A. 六角头支承　　B. 顶压支承
   C. 圆柱头调节支承　　D. 调节支承

8. (　　) 适用于工件支承部位空间尺寸较大的情况。

A. 六角头支承　　B. 顶压支承

C. 圆柱头调节支承　　D. 调节支承

9. (　　) 一般应用于重载条件下。

A. 六角头支承　　B. 顶压支承

C. 圆柱头调节支承　　D. 调节支承

10. 下列说法中，正确的是（　　）。

A. 辅助支承不起定位作用，即不限制工件的自由度

B. 辅助支承不但能提高工件的安装刚度及稳定性，而且能限制工件的自由度

C. 辅助支承虽能限制工件的自由度，但不能起定位作用

D. 辅助支承能限制工件的自由度，但数量不定

11. (　　) 自位支承多用于轻载荷情况下的高精度定位。

A. 球面副浮动结构

B. 球面锥座式浮动结构

C. 摆动杠杆式浮动结构

D. 固定杠杆式浮动结构

12. 夹具上为圆孔提供定位的常用定位元件主要有（　　）四大类。

A. 小定位销、定位心轴、锥销及各类自动定心结构

B. 固定式定位销、定位心轴、锥销及各类自动定心结构

C. 可换定位销、定位心轴、锥销及各类自动定心结构

D. 定位销、定位心轴、锥销及各类自动定心结构

13. (　　) 常用来对内孔尺寸较大的套筒类、盘盖类工件进行安装。

A. 定位心轴　　B. 定位销

C. 锥销　　D. 各类自动定心结构

14. 定位中的顶尖不产生轴向移动时，对工件起（　　）个点的约束作用，限制（　　）个移动自由度。

A. 三，一　　B. 两，两

C. 三，三　　D. 三，两

15. 定心精度高是（　　）的最大特点。

A. 间隙配合心轴　　B. 过盈配合心轴

C. 锥度心轴　　D. 所有心轴

16. 当工件以局部外圆柱面参与定位时，（　　）往往成为首选定位元件。

A. V形块　　B. 平面元件

C. 圆柱孔元件　　D. 轴套

17. 箱体类工件常用的定位方式是（　　）。

A. 一个平面和两个圆柱孔组合

B. 两个圆锥孔（或中心孔）

C. 一个平面和一个外圆柱面组合

D. 一个平面和一个圆柱孔组合

18. 基本支承是用作限制工件定位自由度，具有独立定位作用的支承，包括（　　）。

A. 支承钉、支承板、自位支承、可调支承

B. 支承钉、支承板、自位支承、辅助支承

C. 支承钉、支承板、可调支承、辅助支承

D. 支承钉、可调支承、自位支承、辅助支承

三、判断题（正确的打“√”，错误的打“×”）

1. 工件定位时，除了尽可能使定位基准与工序基准重合、定位符合六点定则外，还要合理选用定位元件。（　　）

2. 设计夹具时，定位基准一旦选定，定位基准的表面形式将成为选用定位元件的主要依据。（　　）

3. 工件在夹具中定位时，一般允许将工件直接放在夹具体上。（　　）

4. 由于定位元件经常与工件接触而易磨损，因此必须具有足够的刚度和强度。（　　）

5. 一般来说，对定位元件最基本的要求是能长期保持尺寸精度和几何精度。（　　）

*6. 为提高工件的定位精度，定位元件在布局上应尽量增大距离，以减小工件的转角误差。（　　）

7. 常用支承钉中，B 型球头支承钉常用于侧面定位。（　　）

8. 支承钉在夹具上的安装方式为固定式安装，依靠支承钉的安装部分与夹具安装孔间的适量过盈配合胀紧在夹具体上，支承钉与夹具安装孔的配合根据负荷情况选 H7/r6 或 H7/n6。（　　）

9. 支承钉和支承板的支承高度是可调的，可根据定位精度要求调整。（　　）

10. 自位支承在支承部位提供了两个点的约束，所以它可限制两个移动自由度。（　　）

11. 常用自位支承中，球面副浮动结构的浮动头摩擦力小，摆动灵敏度高，适用于轻载场合。（　　）

12. 可调支承是指支承高度可以调节的定位支承，它不能限制工件的自由度。（　　）

13. 从可调支承的三个基本功能考虑，一般的普通圆柱体螺钉及部分紧定螺钉均可用于可调支承。（　　）

*14. 削边销的削边结构是为解决销的重复定位及干涉而设计的。（　　）

15. 盘套类工件常以孔中心线作为定位基准，与一个端面组合定位。（　　）

16. 自动定心夹紧心轴的前、后支承共可限制工件的四个自由度，轴肩限制工件的一个移动自由度和一个转动自由度。（　　）

17. 作为一种标准心轴，锥度心轴在高精度定位中应用广泛。（　　）

18. V 形块可以做成活动定位结构，起到定心夹紧的作用。（　　）

19. 在 V 形块的制造及检验中，为正确反映 V 形槽的位置尺寸，多用标准心轴的轴线高度 T 值来检验。（　　）

20. 半圆孔形衬套作为定位元件时，下半圆孔的最小直径应取小于工件定位基准外圆的直径值。（　　）

四、简答题

1. 工件在夹具中定位时，对定位元件有什么要求？

2. 什么是自位支承？什么是可调支承？它们的作用与辅助支承有什么不同？

3. 在图 2－2 所示的横线上写出常用定位元件的名称。

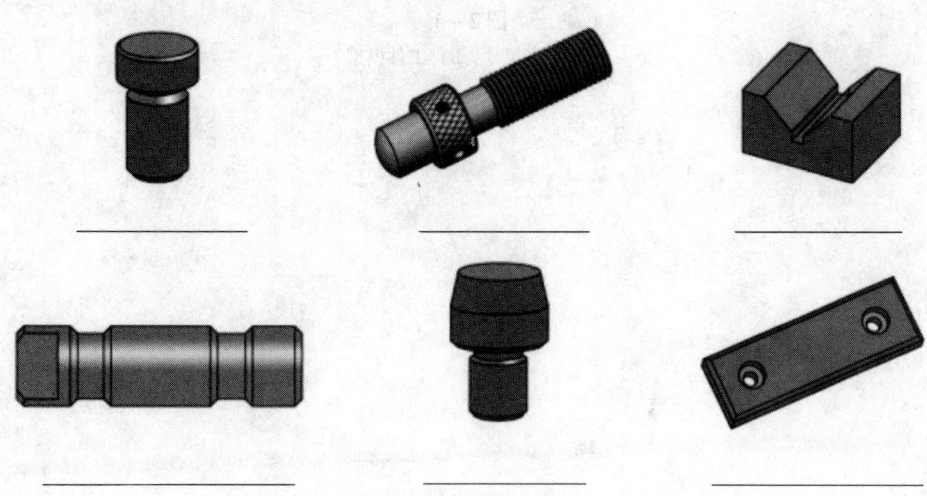

图 2－2

4. 在图 2－3 所示的横线上写出各圆孔定位销的名称。

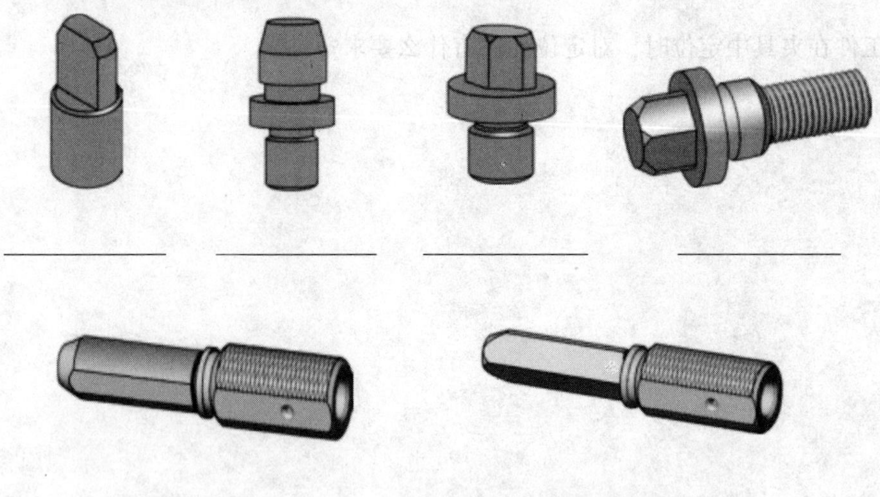

图 2－3

5. 试为图 2－4 所示工件的钻孔夹具选择合适的定位元件，并应用六点定则进行分析。

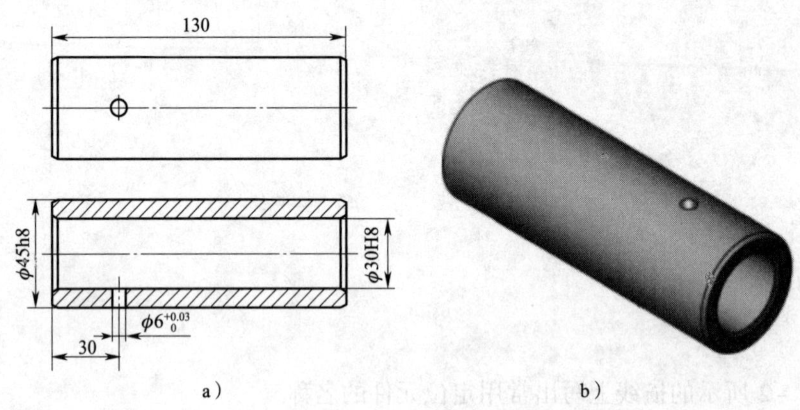

图 2－4

a）工序尺寸　b）工件模型

6. 试为图 2 – 5 所示工件键槽加工的夹具选择合适的定位元件（工件尺寸略），并用六点定则进行分析。

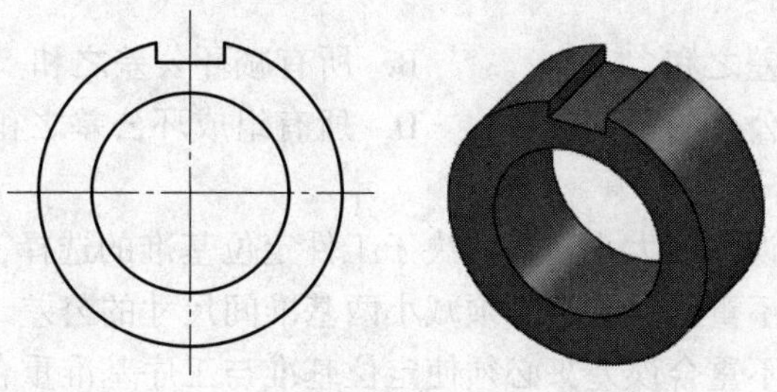

图 2 – 5

第四节　定位误差的产生及组成

一、填空题（将正确答案填写在横线上）

1. 定位误差一般由________误差和________误差两部分组成。

2. 基准不重合误差值的大小等于________尺寸公差在________尺寸方向上的投影。

3. 要消除基准不重合误差，就必须使________基准与________基准重合。

*4. 采用夹具定位时，由于工件________与________元件不可避免地存在制造误差或者配合间隙，致使工件定位基准在夹具中相对于定位元件工作表面的位置产生位移，从而形成基准位移误差。

5. 求解基准位移误差的关键在于找出定位基准在夹具中相对于定位元件工作表面的位置在沿工序尺寸方向上的________量。

二、选择题（将正确答案的代号填入括号内）

1. （　　）是指一批工件定位时，被加工表面的工序基准在沿工序尺寸方向上的最大可能变动范围。

A. 基准位移误差　　　　B. 定位误差

C. 基准不重合误差　　　　　　　　　　D. 加工误差

2. 当定位尺寸由一组尺寸组成时，定位尺寸公差可按尺寸链原理求出，即定位尺寸公差等于尺寸链中（　　）。

A. 所有增环公差之和　　　　　　　　B. 所有减环公差之和

C. 所有组成环公差的平均值　　　　　D. 所有组成环公差之和

3. 下列说法中，错误的是（　　）。

A. 基准不重合误差的大小，只取决于工件定位基准的选择，而与其他因素无关

B. 要减小基准不重合误差，必须减小两基准间尺寸的公差

C. 要消除基准不重合误差，必须使定位基准与工序基准重合

D. 基准不重合误差不可能被消除

4.（　　）称为夹具误差不等式，是夹具设计中应遵守的一个基本关系式。

A. $\Delta_{D}+\Delta_{对定}+\Delta_{过程}\leqslant T$　　　　　　B. $\Delta_{安装}+\Delta_{对定}+\Delta_{过程}\leqslant T$

C. $\Delta_{J}+\Delta_{对定}+\Delta_{过程}\leqslant T$　　　　　　D. $\Delta_{D}+\Delta_{J}+\Delta_{过程}\leqslant T$

5. 基准不重合误差用符号（　　）表示，基准位移误差用符号（　　）表示。

A. Δ_{B}，Δ_{W}　　　　　　　　　　B. Δ_{A}，Δ_{W}

C. Δ_{W}，Δ_{B}　　　　　　　　　　D. Δ_{W}，Δ_{A}

三、判断题（正确的打“√”，错误的打“×”）

1. 由于定位元件及工件定位基准面本身制造误差的存在，使得一批参与定位的工件在夹具中的位置可能发生变化。（　　）

2. 一般情况下，用已加工的平面作定位基准面时，因表面不平整所引起的基准位移误差较小，在分析计算误差时可以不予考虑。（　　）

3. 工件以平面定位时，基准位移误差是由定位表面的平面度误差引起的。（　　）

4. 基准不重合误差、基准位移误差均为具有方向的矢量。（　　）

5. 工件以外圆柱面在 V 形块上定位时，外圆直径的公差一定时，基准位移误差随 V 形块的工作角度增大而增大。（　　）

6. 工件以圆柱孔与心轴固定单边接触方式定位时，X_{min} 是不变的常量，属于常值系统误差。（　　）

四、简答题

1. 工序基准与设计基准有什么不同？

2. 怎样减小基准位移误差？

3. 因夹具使用而造成的加工误差可分为哪几种情况？

五、综合题

1. 如图 2-6 所示阶梯形工件，已知 A、B、C 三个平面已于前道工序加工完成，现要镗 $\phi50$ mm 孔。如果用 B 面作定位基准，虽可使定位基准与设计基准重合，但由于 B 面太小，定位不够稳定，现选取 C 面作为定位基准，试求其定位误差，并判断能否满足加工要求。

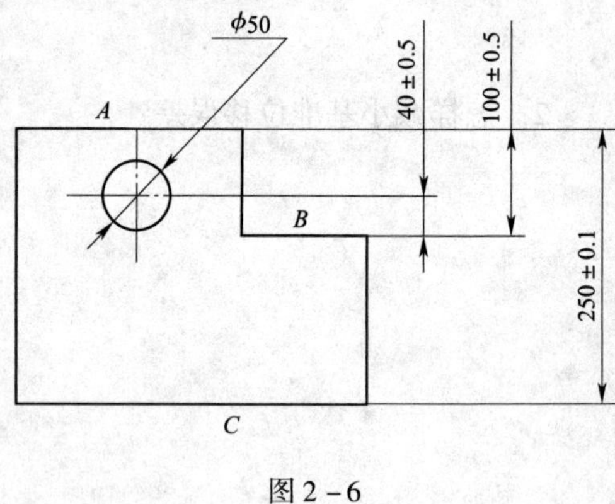

图 2-6

2. 某工件的定位方案如图 2-7 所示，试求加工尺寸 A 的定位误差。

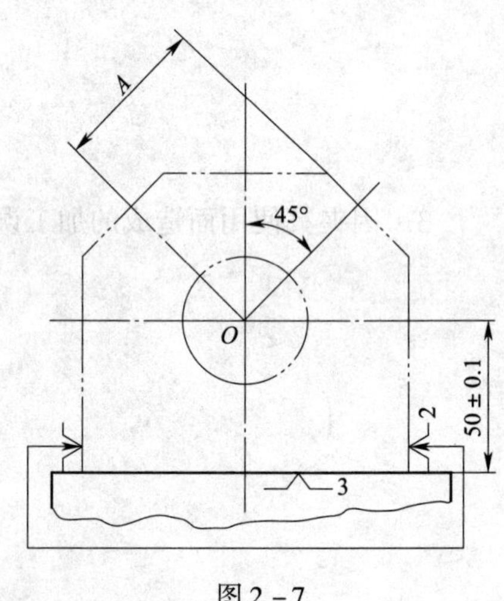

图 2-7

*3. 某台阶轴如图 2 - 8 所示，外圆已车好，现要在直径为 D_1 的圆柱上铣一键槽，由于该段圆柱很短，故将直径为 D_2 的长圆柱放在 V 形块上定位，试求定位误差。

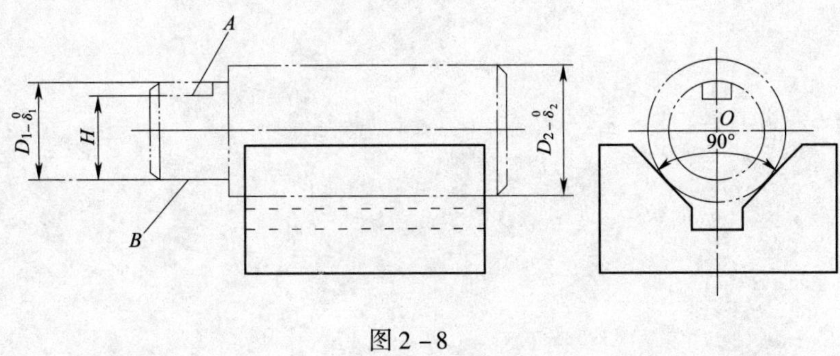

图 2 - 8

4. 钻铰图 2 - 9a 所示凸轮上的两个 $\phi16$ mm 小孔，定位方式如图 2 - 9b 所示。定位销直径为 $22_{-0.021}^{\ 0}$ mm，求加工尺寸（100 ± 0.1）mm 的定位误差。

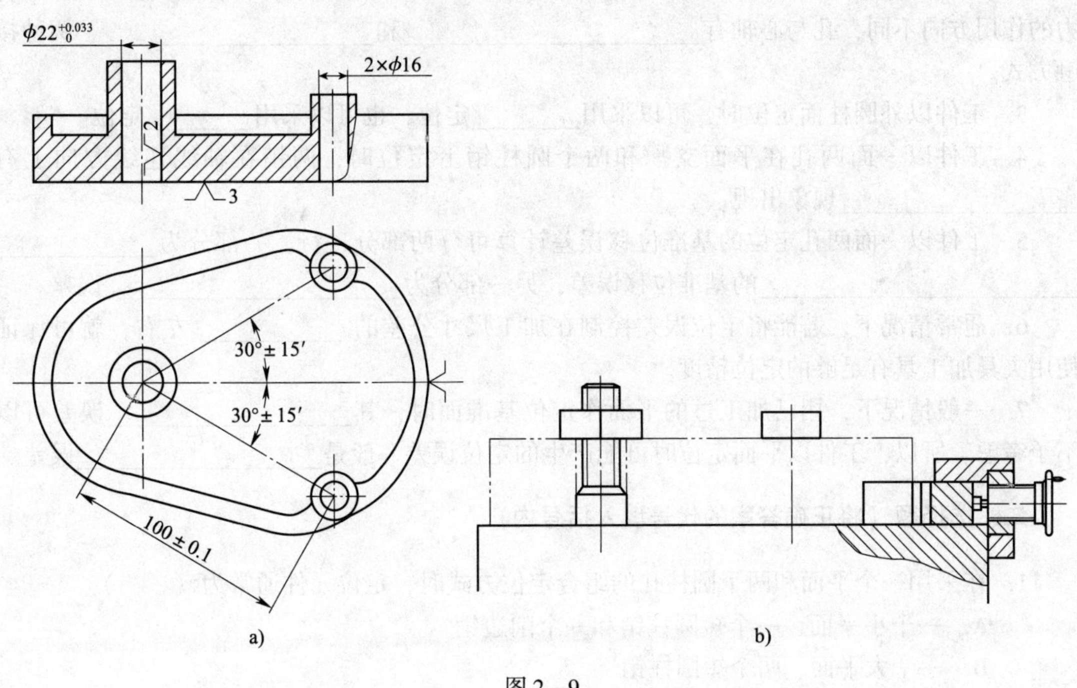

图 2 - 9

第五节　定位综合分析

一、填空题（将正确答案填写在横线上）

1. 稳定地保证工件的________和________是夹具的主要作用之一。

2. 工件以圆柱孔在间隙配合心轴上定位时，因心轴的放置位置不同或工件所受外力合力的作用方向不同，孔与心轴有________和________两种接触方式。

3. 工件以外圆柱面定位时，可以采用________定位，也可以采用________定位。

4. 工件以一面两孔在平面支承和两个圆柱销上定位时，两销在轴线连线方向上有________现象出现。

5. 工件以一面两孔定位的基准位移误差计算可分两部分进行，一部分为________的基准位移误差，另一部分为________误差。

6. 通常情况下，若能将定位误差控制在加工尺寸公差的________左右，就可保证使用夹具加工具有足够的定位精度。

7. 一般情况下，用已加工过的平面作定位基准面时，其________误差可以不予考虑。所以，工件以平面定位时可能产生的定位误差一般是________误差。

二、选择题（将正确答案的代号填入括号内）

*1. 在采用一个平面和两个圆柱孔的组合定位方式时，定位元件通常为（　　）。

A. 一个小平面、一个短圆柱销和一个削边销

B. 一个大平面、两个短圆柱销

C. 一个大平面、两个长圆柱销

D. 一个大平面、一个短圆柱销和一个削边销

*2. 工件以圆柱孔定位且定位元件为心轴时，若心轴水平放置，工件与定位元件的接触情况为（ ）。

A. 双边接触　　B. 固定单边接触

C. 任意边接触　　D. 任意方向接触

三、判断题（正确的打“√”，错误的打“×”）

1. 工件以圆柱孔定位时，定位基准是孔表面。（ ）

2. 工件以圆柱孔在锥形心轴上定位时，孔与心轴有固定单边接触和任意边接触两种接触方式。（ ）

3. 任意边接触时的基准位移误差是固定单边接触时基准位移误差的两倍。（ ）

4. 工件以平面定位时，基准位移误差是由定位平面的平面度误差引起的。（ ）

5. 工件以外圆柱面定位时，可以采用定心定位，也可以采用支承定位。（ ）

四、简答题

如图 2－10 所示，工件安装在心轴上，试回答以下问题：

（1）大端面限制哪几个自由度？

（2）圆柱心轴限制哪几个自由度？

（3）该定位方案属于哪种定位形式？

（4）该定位方案是否合理？如不合理可采用什么措施加以改进？

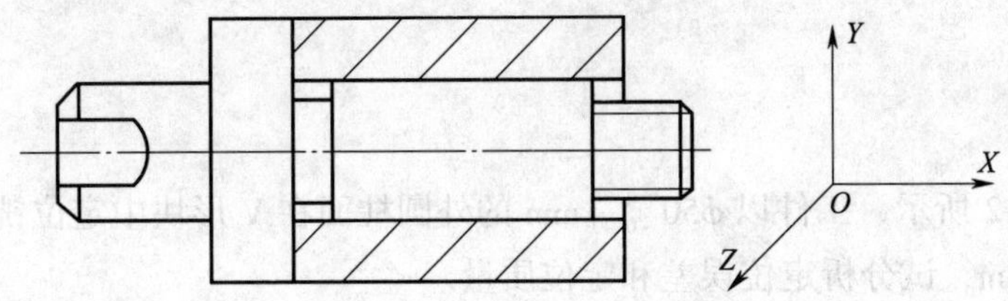

图 2－10

五、综合题

*1. 在如图 2-11a 所示工件上铣槽，要求保证尺寸 $54_{-0.14}^{\ 0}$ mm 和槽宽 12H9。现有两种定位方案，如图 2-11b、c 所示，试计算两种方案的定位误差，从中选出最优方案。

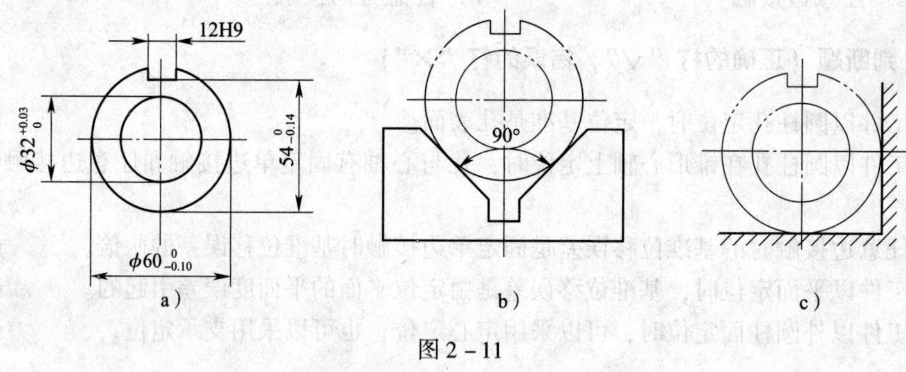

图 2-11

*2. 如图 2-12 所示，工件以 $\phi50_{-0.20}^{\ 0}$ mm 的外圆柱面在 V 形块中定位铣削两斜面，要求保证尺寸 $A_{-0.30}^{\ 0}$ mm，试分析定位误差和定位质量。

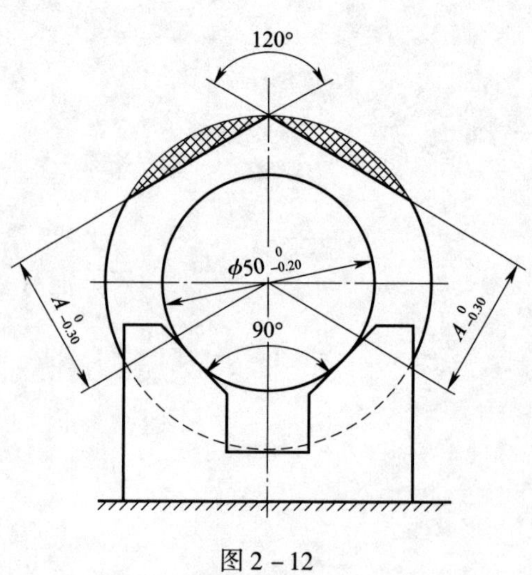

图 2-12

3．按图 2－13 所示工件定位方式加工台阶面，要求保证尺寸 $A\pm\delta=(100\pm0.1)$ mm，设已知工件上平面至限位支承点的高度 $K=20$ mm，两定位基准面的垂直度误差分别为 $+10'$ 和 $-10'$，试分析定位误差，并判断定位质量。

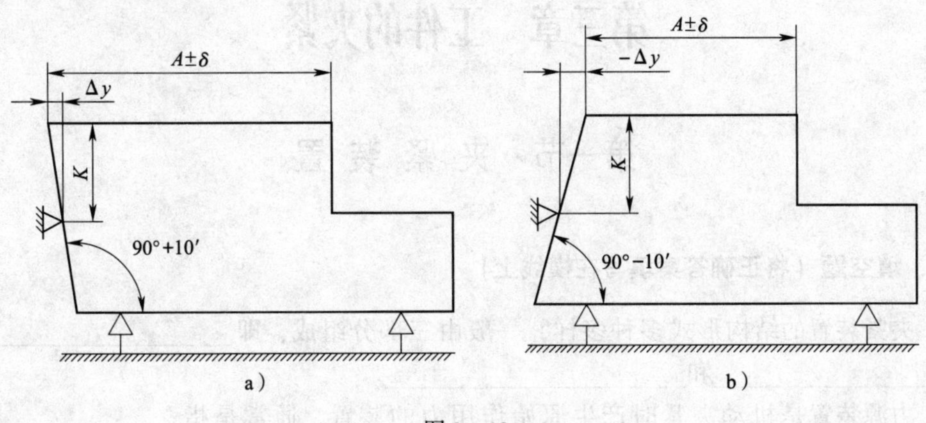

图 2－13

4．图 2－14 所示为工件以内孔在夹具心轴上定位铣键槽，应保证槽深尺寸 $34.8_{-0.016}^{\ 0}$ mm。已知定位孔尺寸为 $\phi20_{\ 0}^{+0.021}$ mm（ϕ20H7）、定位销尺寸为 $\phi20_{-0.020}^{-0.007}$ mm（ϕ20g6），试检验本夹具的定位精度。

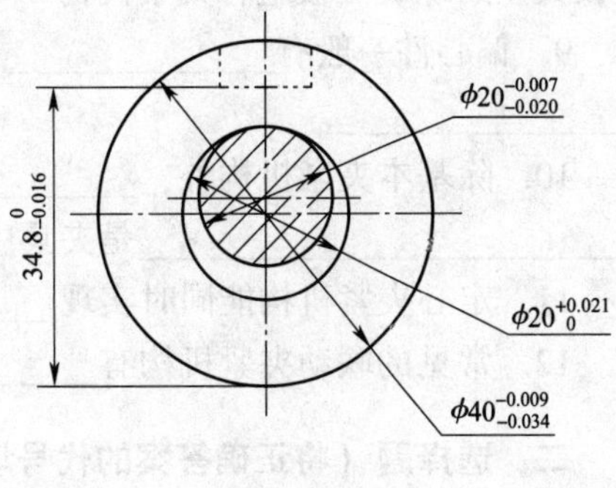

图 2－14

第三章　工件的夹紧

第一节　夹 紧 装 置

一、填空题（将正确答案填写在横线上）

1. 夹紧装置的结构形式多种多样，一般由三部分组成，即____________、____________和____________。

2. 力源装置是机动夹紧时产生原始作用力的装置，通常是指__________、__________、__________等动力装置。

*3. 手动夹紧装置由____________和____________组成。

4. 中间递力机构根据夹紧的需要，可以起到____________、____________、____________等作用。

5. 在夹具的各种夹紧机构中，以__________、__________、__________以及由它们组合而成的夹紧机构应用最为普遍。

6. 常用螺旋夹紧机构包括__________螺旋夹紧机构、__________螺旋夹紧机构、螺旋压板组合夹紧机构等，其中，__________是应用最广泛的一类。

7. 为了克服螺旋夹紧操作时间较长的缺点，实际生产中出现了各种快速接近或快速撤离工件的螺旋夹紧机构，这就是__________螺旋夹紧机构。

8. ____________、____________、____________是较典型的螺旋压板组合夹紧机构。

9. 偏心件一般有____________和____________两种类型，最常用的是__________。

10. 除基本夹紧机构外，____________、____________和____________是夹具中经常使用的其他夹紧机构。

11. 定心夹紧机构能同时实现________和________两种功能。

*12. 常见的联动夹紧机构有____________和____________之分。

二、选择题（将正确答案的代号填入括号内）

1. 一般夹具都需要设置（　　），但少数情况也允许不予夹紧而进行加工。

A. 夹紧装置　　B. 定位装置

C. 分度装置　　D. 导引元件

2. 下列说法中，（　　）不属于对夹紧装置的基本要求。

A. 在夹紧过程中，应不破坏工件定位所获得的确定位置

B. 夹紧力应保证工件在加工过程中的位置稳定不变，不产生振动或移动；夹紧变形小，工件表面不损伤

C. 夹紧装置应结构简单、制造容易，其复杂程度和自动化程度应与工件的生产纲领相适应

D. 尽量采用螺旋夹紧机构

3. 在夹具中，直接使用（　）夹紧工件的情况比较少见，这是因为它产生的夹紧力有限，且夹紧费时。

A. 螺旋夹紧机构　　B. 斜楔

C. 偏心夹紧机构　　D. 薄壁弹性件

4. 斜楔夹紧机构的自锁条件为（　）。

A. 斜楔升角小于斜楔与夹具体间的摩擦角和斜楔与工件间的摩擦角之差

B. 斜楔升角大于斜楔与夹具体间的摩擦角和斜楔与工件间的摩擦角之和

C. 斜楔升角大于斜楔与夹具体间的摩擦角和斜楔与工件间的摩擦角之差

D. 斜楔升角小于斜楔与夹具体间的摩擦角和斜楔与工件间的摩擦角之和

5. 夹具中的偏心夹紧机构仅适用于加工时振动不大的场合，其原因是它的（　）。

A. 自锁性较差　　B. 夹紧力较大

C. 刚度较小　　D. 刚度较大

*6. 采用偏心夹紧机构夹紧工件与采用螺旋夹紧机构夹紧工件相比，主要优点是（　）。

A. 夹紧力大　　B. 夹紧可靠

C. 动作迅速　　D. 不易损坏工件

7. 偏心轮的工作曲线段通常选择在（　）。

A. 0°～45°　　B. 90°～180°

C. 45°～90°　　D. 180°～360°

8. 普通螺纹的螺旋升角（　）材料间的摩擦角，这是普通螺纹广泛用于各种紧固连接的主要原因。

A. 远大于　　B. 远小于

C. 等于　　D. 约等于

9. 根据夹紧的需要，中间递力机构在传递夹紧作用力的过程中，可以起到除（　）外的作用。

A. 改变夹紧作用力的方向　　B. 改变夹紧作用力的大小

C. 提高定位精度　　D. 自锁作用

三、判断题（正确的打“√”，错误的打“×”）

1. 所有夹紧装置均需中间递力机构。（　）

2. 手动夹紧时，不需要力源装置。（　）

3. 中间递力机构是传递夹紧作用力的机构。（　）

4. 偏心轮夹紧机构实际上是斜楔夹紧机构的变形。（　）

5. 对于一般钢铁材料的加工表面，满足自锁条件的斜楔升角可在不大于11°范围内选

取，为安全锁紧，常取6°~8°。（ ）

6. 螺旋夹紧机构是斜楔夹紧机构的变形，它对提高有效夹紧力和自锁性能都非常有利，所以，螺旋夹紧机构得到了很好的应用。（ ）

7. 在有效的夹紧转角范围内得到尽可能小的夹紧行程，这是偏心轮工作曲线段选择的主要原则。（ ）

8. 对于0°~45°的偏心轮工作曲线段，由于曲线的升程很小，通常不能快速趋近工件，因此一般不采用。（ ）

9. 在定心夹紧机构中，与工件定位基准面相接触的元件既是定位元件，又是夹紧元件。（ ）

10. 如果夹具上安装夹紧机构的位置受到限制，可采用钩形压板。（ ）

11. 铰链夹紧机构是一种增力结构，增力倍数较大，有自锁功能，在气动夹具中应用广泛。（ ）

12. 多件联动夹紧机构有多件平行夹紧、多件对向夹紧和多件连续夹紧等结构形式。（ ）

13. 为保证斜楔夹紧机构可靠工作，斜楔夹紧工件后应能自锁。（ ）

四、简答题

*1. 工件在夹具中夹紧的目的是什么？夹紧与定位的区别是什么？

2. 对夹紧装置的基本要求有哪些？

3．斜楔夹紧机构必须解决什么问题？怎样解决这些问题？

4．根据图 3－1，写出普通螺旋夹紧机构中常用压块的名称及其作用。

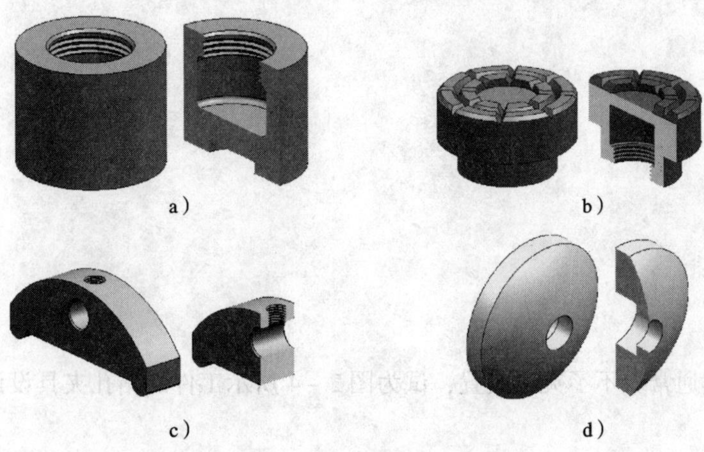

图 3－1

a）____

b）____

c）____

d）____

5．定心夹紧机构的自动定心原理是什么？

6. 常见的铰链夹紧机构有哪几种基本类型？

7. 偏心轮有什么重要特性？设计偏心轮时，应如何选择工作段？其自锁条件是什么？

8. 机床夹具通常少不了夹紧装置，试为图 2 – 4 所示工件的钻孔夹具设计夹紧装置。

第二节　夹　紧　力

一、填空题（将正确答案填写在横线上）

1．夹紧力与其他力一样，具有三个要素，即________________、________________和________________。

2．在设计夹紧装置时，首先________________，然后________________。

3．工件在夹紧力作用下，应首先保证________________与定位元件可靠接触。

4．夹紧力的方向主要和________________________________有关。

5．确定夹紧力的大小时，________________和________________是通常采用的方法。

6．夹紧力的作用点靠近________________________，可使夹紧力均匀地分布在________________和________________的整个接触面上。

二、选择题（将正确答案的代号填入括号内）

*1．为了保证工件在夹具中加工时不易振动，夹紧力的作用点应（　　）。

A．远离加工表面　　B．靠近加工表面

C．在工件已加工表面上　　D．在刚度较小处

2．在一般生产条件下，（　　）可以很快地确定夹紧方案，而不需要进行烦琐的计算，所以在生产中经常采用。

A．估算法　　B．精确计算法

C．类比法　　D．分析法

三、判断题（正确的打“√”，错误的打“×”）

*1．当夹紧力和切削力、工件重力同向时，加工过程中所需的夹紧力最小。（　　）

*2．在大型工件上钻小孔时，有时可以不施加夹紧力。（　　）

3．工件在不同方向或不同部位上的刚度是相同的。（　　）

4．可采取适当的结构措施减小夹紧力的作用面，使夹紧力更集中作用在工件上，以便于更可靠地夹紧。（　　）

四、简答题

1．确定夹紧力的方向时应遵循哪些原则？

2. 确定夹紧力的作用点时应遵循哪些原则？

五、综合题

1. 工件的夹紧装置如图 3 - 2 所示，若外力 $Q=150$ N，$L=150$ mm，$D=40$ mm，$d=10$ mm，$L_1=L_2=100$ mm，$\alpha=30°$，各处摩擦损耗按传递效率 $\eta=0.95$ 计算，试计算夹紧力 J。

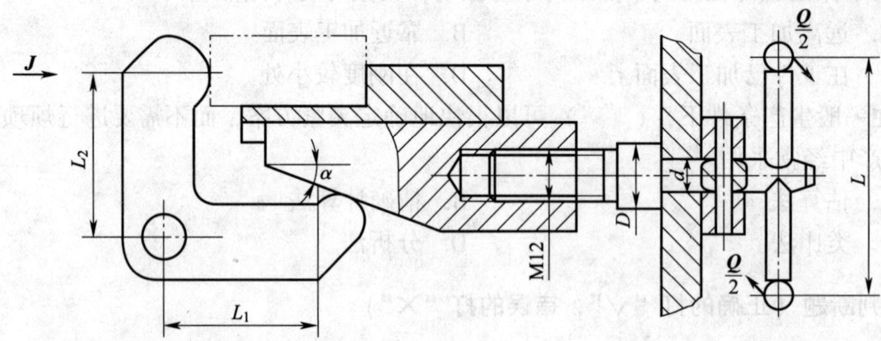

图 3 - 2

2. 如图 3－3a 所示法兰盘，材料为 HT200，欲在其上加工 4 个 ϕ26H11 孔，中批量生产，拟采用螺旋压板夹紧机构。为了便于装卸工件，选用移动压板置于工件两侧（见图 3－3b），试估算其夹紧力。

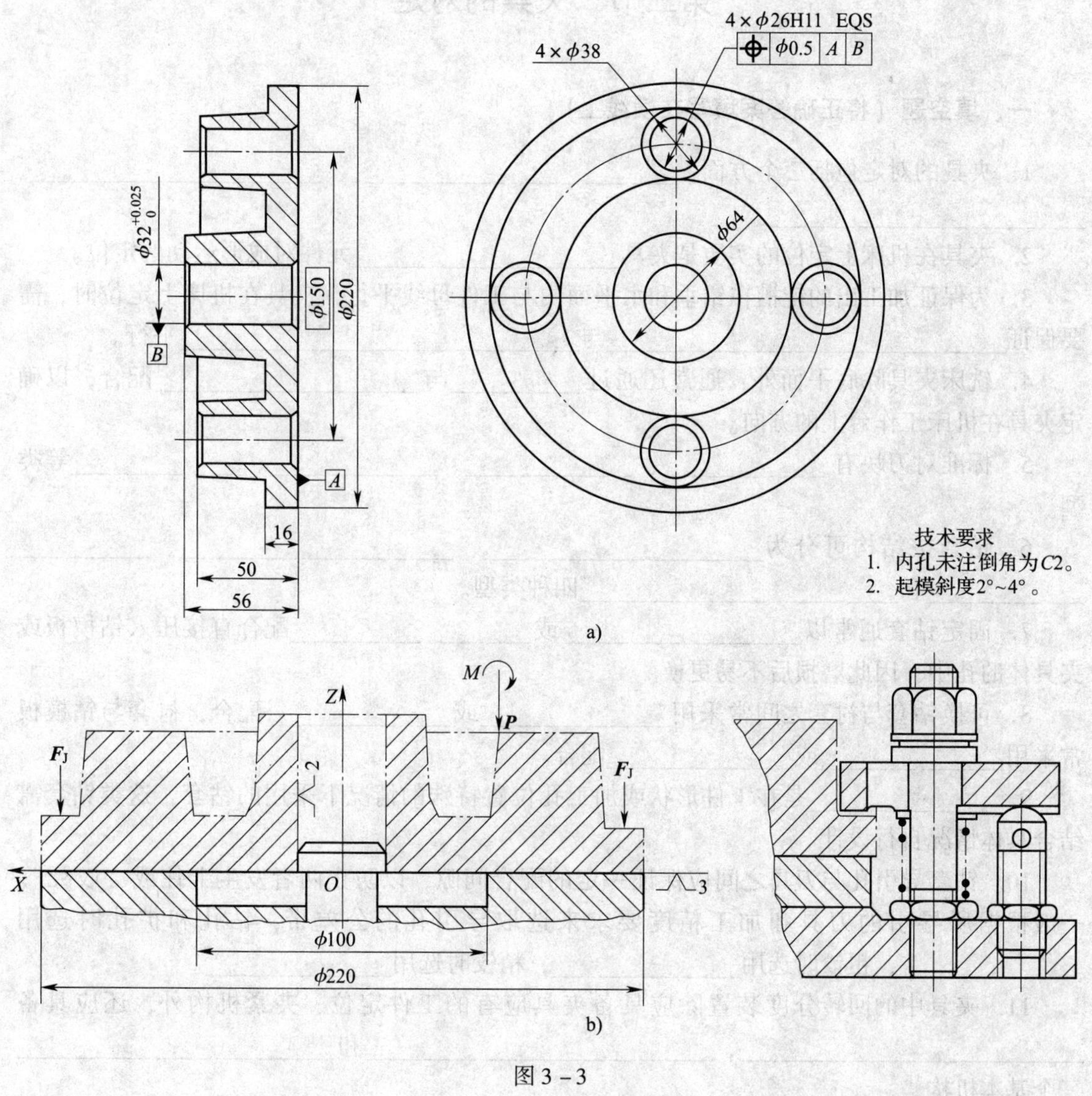

图 3－3

第三节　夹具的对定

一、填空题（将正确答案填写在横线上）

1. 夹具的对定包括三个方面：________________、________________、________________。

2. 夹具在机床上定位的实质是夹具________________元件对成形运动的定位。

3. 为保证加工出的键槽在铅垂和水平面内与工件母线平行，夹具在机床上定位时，需要保证________________与________________平行。

4. 铣床夹具除底平面外，通常还通过________与________________配合，以确定夹具在机床工作台上的方向。

5. 标准对刀块有__________、__________、__________、__________等类型。

6. 钻套按结构可分为________________、________________、________________和________________四种类型。

7. 固定钻套通常以______________或______________配合直接压入钻模板或夹具体的孔中，因此磨损后不易更换。

8. 可换钻套与衬套之间常采用____________或____________配合，衬套与钻模板常采用____________或____________配合。

9. ____________是在工件形状或加工孔位置特殊的情况下采用的钻套，这类钻套需结合具体情况自行设计。

10. 钻套导引孔与刀具之间应保证一定的配合间隙，以防止两者发生卡住或“咬死”。一般根据所导引的刀具和加工精度要求来选取导引孔的公差带，钻孔和扩孔时选用____________，粗铰时选用____________，精铰时选用____________。

11. 夹具中的回转分度装置除应具备夹具应有的工件定位、夹紧机构外，还应具备________________、________________和________________三个基本机构。

12. 分度装置可以分为____________和____________两大类。

13. 根据结构及原理，回转分度装置可分为______________、______________、______________等形式。

14. 根据分度盘和分度定位器的相互位置配置情况，回转分度装置可分为____________式和____________式。

15. 分度盘上的定位孔（槽）距其中心线越远，则由分度副间的间隙所造成的______________误差越小。因此，径向分度比轴向分度精度高。

16. 分度装置的关键部分是________________，可根据不同加工精度要求对它们进行设计或选用。

17. 一般情况下，定位键与夹具体导向槽形成________________配合，或者可采用________配合。

18. 夹具通过____________________来定位，为典型的重复定位结构。

二、选择题（将正确答案的代号填入括号内）

1. 夹具在机床回转主轴上的连接方式取决于主轴端部的结构形式，常见的形式包括（　　）。

A. 定心直柄连接、平面短销对定连接、平面短锥销对定连接、过渡盘连接
B. 定心锥柄连接、平面长销对定连接、平面短锥销对定连接、过渡盘连接
C. 定心直柄连接、平面长销对定连接、平面短锥销对定连接、过渡盘连接
D. 定心锥柄连接、平面短销对定连接、平面短锥销对定连接、过渡盘连接

2. 夹具定位面应在（　　）加工中完成，并应满足规定的加工精度要求。

A. 一次　　B. 两次
C. 三次　　D. 没有固定要求

3. 下列关于常用塞尺的描述中，错误的是（　　）。

A. 平塞尺常用厚度为 1 mm、2 mm、3 mm
B. 圆柱塞尺多用于成形铣刀对刀，常用直径为 3 mm、5 mm
C. 平塞尺和圆柱塞尺的尺寸均按 h6 精度制造
D. 塞尺常用 T7A 钢制造，淬火后硬度要求达到 55～60HRC

4. 夹具的对刀装置主要由（　　）、（　　）和（　　）组成。

A. 对刀块　底座　塞尺　　B. 对刀块　基座　塞尺
C. 对刀块　基座　量块　　D. 对刀块　底座　量块

5. 通过（　　）导引刀具进行加工是钻模的主要特点。

A. 固定钻套　　B. 钻套
C. 可换钻套　　D. 快换钻套

6.（　　）用于完成一道工序需连续更换刀具的场合，如同一个孔需经多个加工工步（如钻、扩、铰等）。

A. 固定钻套　　B. 快换钻套
C. 可换钻套　　D. 特殊钻套

7. 分度对定机构的结构形式中，（　　）可以保证较高的分度精度。

A. 钢球定位　　B. 圆柱销定位
C. 圆锥销定位　　D. 正多面体－斜楔定位

三、判断题（正确的打"√"，错误的打"×"）

1. 当加工精度要求较高或不便于设置对刀装置时，可采用试切法、样件对刀法，或采用百分表找正刀具相对于定位元件的位置的方法。（　　）

2. 固定钻套主要用于大批量生产中的钻孔工序，或孔距要求较高的钻模及孔距较小、结构紧凑的钻模。（　　）

3. 固定钻套的下端应稍超出钻模板，以防带状切屑卷入钻套内。（　　）

4. 生产中以直线分度装置应用较多。 ( )

5. 对刀块的工作表面与定位元件的位置尺寸标注时，可以取定位元件上的任意位置。 ( )

四、简答题

1. 四种类型的钻套分别适用于什么场合？

2. 夹具回转分度装置常见的对定机构结构形式有哪几种？简单描述其特点并说出应用场合。

第四章　夹具图的绘制

第一节　夹 具 总 图

一、填空题（将正确答案填写在横线上）

1. 夹具总图的绘制内容包括________、________及标题栏、零件序号、明细栏等。

2. 夹具总图的设计过程往往是________、________、________、________的反复调整过程。

3. 绘出工件视图的外轮廓线和工件的定位、夹紧以及被加工表面用________。

4. 夹具总图上________、________和________的标注，与夹具的制造、装配、检验及安装有着密切关系，并直接影响夹具的制造难度和经济效益。

5. 夹具总图上应标注的尺寸包括________、________、________、________及其他装配尺寸。

6. 夹具尺寸公差取相应尺寸公差的1/5～1/2，常用的比值范围为________。

7. 夹具总图上的其他装配尺寸指的是________、________、________等。

8. 夹具总图上公差配合的确定原则：________、________。

9. 三维造型技术的出现给二维工程图的绘制带来了根本变化，人们已不再需要从线条开始绘制零件图和装配图，而是通过实体造型，利用造型软件的转换功能，完成相关________和________的绘制。

10. 常用的三维造型软件有________、________、________、________等。

11. 在夹具总图上除需标注必要的________和________外，还需确定各元件之间或各元件有关表面之间的________。

12. 布置夹具总图时，主视图一般按照夹具的________方向，选择________操作者的视图，或最能反映________、________的方向绘制。

二、选择题（将正确答案的代号填入括号内）

1. 绘制夹具总图时，应尽量选择（　　）的绘图比例。

A. 1∶1　　　　B. 1∶2

C. 2∶1　　　　D. 1∶3

2. 手工绘制夹具总图时，通常首先绘制出（　　）。

A. 夹具体　　　　　　　　　　B. 辅助元件
C. 工件　　　　　　　　　　　D. 夹紧机构

3. 表示夹具在机床上所占空间的大小和可能的活动范围，以便校核夹具是否会与机床和刀具发生干涉的尺寸，称为（　　）。

A. 配合尺寸　　　　　　　　　B. 夹具与刀具的联系尺寸
C. 夹具与机床的联系尺寸　　　D. 夹具外形的最大轮廓尺寸

4. 确定夹具上对刀－导引元件对定位元件位置的尺寸，称为（　　）。

A. 夹具外形的最大轮廓尺寸　　B. 夹具与机床的联系尺寸
C. 夹具与刀具的联系尺寸　　　D. 配合尺寸

5. 铣床夹具定向键与机床工作台 T 形槽的配合尺寸，属于（　　）。

A. 夹具与机床的联系尺寸　　　B. 配合尺寸
C. 夹具与刀具的联系尺寸　　　D. 其他装配尺寸

6. 定位元件与定位元件之间的尺寸，属于（　　）。

A. 其他装配尺寸　　　　　　　B. 夹具与机床的联系尺寸
C. 夹具与刀具的联系尺寸　　　D. 配合尺寸

7. 下列说法中，正确的是（　　）。

A. 夹具总图中局部结构视图不宜过多
B. 绘制夹具体是绘制夹具总图的第一步
C. 设计夹具时，必须绘制出所有零件图
D. 零件图通常采用 1∶2 的比例绘制

8. 下列选项中，不是在夹具总图上应标注的尺寸的是（　　）。

A. 夹具外形的最大轮廓尺寸
B. 夹具与刀具、机床的联系尺寸
C. 配合尺寸
D. 夹具体的结构尺寸

三、判断题（正确的打“√”，错误的打“×”）

1. 夹具上凡是有配合要求的部位，均应标注其公称尺寸、配合种类及精度等级。（　　）
2. 从夹具总图的设计过程来看，往往是设计、计算、查表、修改等一气呵成。（　　）
3. 在夹具总图的设计过程中，应注意吸收各种先进技术，并充分发挥计算机辅助设计、先进夹具资料库的作用。（　　）
4. 夹具总图上的公差配合一般凭经验估算或根据已有的经验数据来确定。（　　）

四、简答题

1. 夹具总图的绘制要求有哪些？

2. 夹具总图的绘制步骤是什么？

3. 完成图 4－1 所示铣键槽夹具总图的手工绘制和计算机绘制。

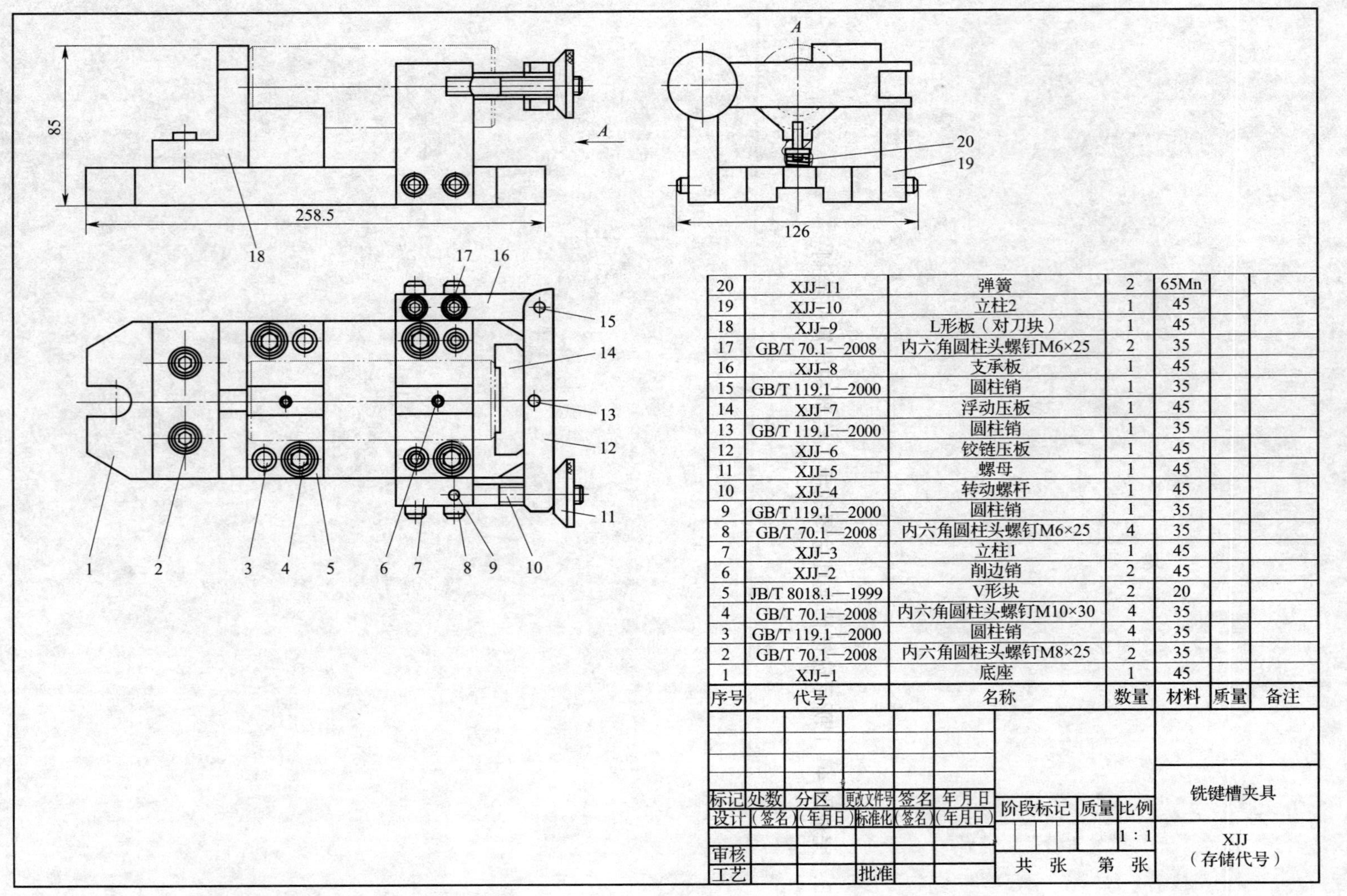

序号	代号	名称	数量	材料	质量	备注
20	XJJ–11	弹簧	2	65Mn		
19	XJJ–10	立柱2	1	45		
18	XJJ–9	L形板（对刀块）	1	45		
17	GB/T 70.1—2008	内六角圆柱头螺钉M6×25	2	35		
16	XJJ–8	支承板	1	45		
15	GB/T 119.1—2000	圆柱销	1	35		
14	XJJ–7	浮动压板	1	45		
13	GB/T 119.1—2000	圆柱销	1	35		
12	XJJ–6	铰链压板	1	45		
11	XJJ–5	螺母	1	45		
10	XJJ–4	转动螺杆	1	45		
9	GB/T 119.1—2000	圆柱销	1	35		
8	GB/T 70.1—2008	内六角圆柱头螺钉M6×25	4	35		
7	XJJ–3	立柱1	1	45		
6	XJJ–2	削边销	2	45		
5	JB/T 8018.1—1999	V形块	2	20		
4	GB/T 70.1—2008	内六角圆柱头螺钉M10×30	4	35		
3	GB/T 119.1—2000	圆柱销	4	35		
2	GB/T 70.1—2008	内六角圆柱头螺钉M8×25	2	35		
1	XJJ–1	底座	1	45		

图 4 – 1

第二节　夹具零件图

一、填空题（将正确答案填写在横线上）

1. 夹具零件图的绘制内容包括____________、____________、____________和标题栏。

2. 夹具零件图选取视图的数量要恰当，以能____________、____________、____________地表达零件的结构形状和相对位置关系为原则。

3. 对于夹具中需要配合的尺寸或者要求精确的尺寸，应注出尺寸的____________。

4. 夹具零件在加工或检验时必须保证的要求和条件不使用图形或符号表示时，可在____________中注出。它的内容根据____________、____________和____________的要求而定。

二、判断题（正确的打“√”，错误的打“×”）

1. 夹具零件图的基本结构和主要尺寸可与夹具总图一致，也可适当改动。（　　）

2. 零件较多表面具有统一表面粗糙度值时，可在图样右下角附近集中标注，但仅允许标注使用最多的一种表面粗糙度值。（　　）

3. 绘制夹具零件图时，应画全主视图、俯视图、左视图，以便能更好地表达零件的结构。（　　）

4. 夹紧工件时应用力将工件夹紧，必要时可以采用加力杆，以确保工件在加工中不松动。（　　）

三、简答题

1. 简述夹具零件图的计算机绘制步骤。

2. 夹具零件图对标注尺寸有哪些要求？

模拟试卷

一、填空题（每空1分，共20分）

1. 机床夹具的主要功能是______和______。

2. 具有独立定位作用的基本支承包括______、______和______。

3. 任一未在夹具中定位的工件，其空间位置具有沿三个坐标轴的______自由度和绕三个坐标轴的______自由度。工件具有的自由度越______，说明工件的空间位置确定性越好。

4. 根据夹紧的需要，中间递力机构在传递夹紧作用力的过程中，可起如下作用：______、______、______。

5. 只有在______和______的精度很高时，才允许采用重复定位。

6. 辅助支承是指不起定位作用但能提高工件的______及______的支承。

7. 使用夹具加工时，若需保证工件具有足够的定位精度，就必须将定位误差控制在加工尺寸公差的______左右。

8. 采用一夹一顶方案定位加工轴类工件，可限制______个自由度，属于______。

9. 偏心轮保证自锁的结构条件：偏心距 e 不能过大，只能取轮径 D 的______，否则，偏心轮的夹紧将不能保证自锁。

二、选择题（每题2分，共20分）

1. 夹具一定具有（　　）。

   A. 对刀装置　　B. 定位元件
   C. 平衡配重块　　D. 分度装置

2. 工件装夹中由于（　　）不重合而产生的加工误差，称为基准不重合误差。

   A. 工序基准与定位基准
   B. 工艺基准与装配基准
   C. 设计基准与测量基准
   D. 设计基准与装配基准

3. 定位误差研究的主要对象是工件的工序基准和定位基准，它的变动量将影响工件的（　　）精度和位置精度。

   A. 几何　　B. 最低
   C. 最高　　D. 尺寸

4. 在简单夹紧机构中，(　　) 夹紧机构一般不考虑自锁。

A. 斜楔　　　　B. 螺旋

C. 铰链　　　　D. 偏心

5. 车床夹具、铣床夹具、钻床夹具、镗床夹具等夹具类型是按（　　）来划分的。

A. 夹具的结构　　　　B. 夹具所在的机床

C. 夹具的功能　　　　D. 夹紧方式

6. 在三维空间用合理分布的六个支承点限制物体的六个自由度，称为（　　）。

A. 夹紧原则　　　　B. 定位过程

C. 定位原理　　　　D. 六点定则

7. 箱体类工件常以一面两孔定位，相应的定位元件应为（　　）。

A. 一个平面、两个短圆柱销

B. 一个平面、一个短圆柱销、一个短削边销

C. 一个平面、两个长圆柱销

D. 一个平面、一个长圆柱销、一个短圆柱销

8. 在机床上加工工件时，不能采用（　　）方案。

A. 欠定位　　　　B. 不完全定位

C. 重复定位　　　　D. 完全定位

9. 下列说法中，正确的是（　　）。

A. 工件定位时，若定位基准与工序基准重合，就不会产生定位误差

B. 在批量生产的情况下，用直接找正法装夹工件比较合适

C. 采用欠定位方案，既可保证加工质量，又可简化夹具结构

D. 在夹具设计中，经常采用不完全定位方案

10. 定位元件的材料一般不选择（　　）。

A. 渗碳淬火 20 钢　　　　B. 淬火中碳钢

C. T7A 钢　　　　D. 铸铁

三、判断题（每题 2 分，共 20 分）

1. 一般来说，机床夹具必须包括夹具体、定位装置和夹紧装置三个基本组成部分。（　　）

2. 工件定位的实质是确定工件上定位基准的位置。（　　）

3. 采用不完全定位方式可简化夹具结构。（　　）

4. 具有独立定位作用、能限制工件自由度的支承，称为辅助支承。（　　）

5. 工件加工时应限制的自由度取决于加工要求，定位支承点的布置取决于工件形状。（　　）

6. 工件以外圆柱面在 V 形块中定位，当工序基准为外圆柱上母线时，定位误差最小。（　　）

7. 在夹具中，采用偏心夹紧机构夹紧工件与采用螺旋夹紧机构夹紧工件相比，前者的主要优点是动作迅速。（　　）

8. 斜楔是使用比较方便的一种夹具元件，因此常被直接用于夹紧工件。（　　）

9. 在定位方案中，当支承点的布局不合理时，可能产生既是重复定位又是欠定位的情况。 ( )

10. 长圆锥心轴可限制长圆锥孔工件的三个自由度。 ( )

四、简答题（每题 5 分，共 20 分）

1. 为什么说夹紧不等于定位？

2. 机床夹具在机械加工中的主要作用是什么？

3. 产生重复定位的原因是什么？

4. 如图 1 所示，加工工件的 *A* 面，尺寸 *D*、*d* 均已加工，用平面和短心轴组合定位，限制了工件哪几个自由度？

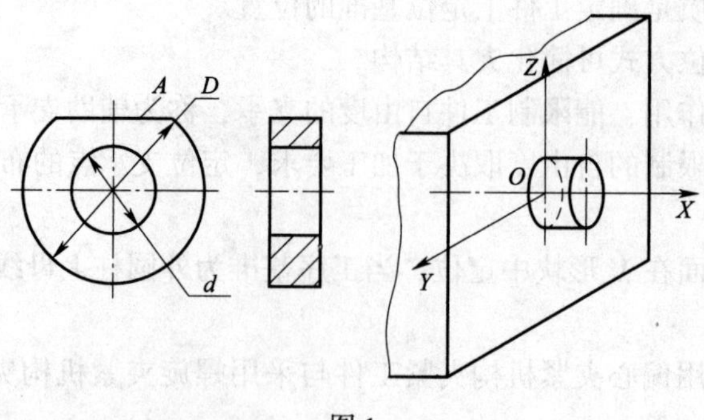

图 1

五、综合题（每题 10 分，共 20 分）

1. 用 V 形块支承定位，加工如图 2 所示工件端面上的三个孔。已知 $D=\phi50_{-0.004}^{\ 0}$ mm，$A=(5\pm0.05)$ mm，$B=20_{-0.005}^{\ 0}$ mm，$C=20_{-0.005}^{\ 0}$ mm，试求加工孔 1、2、3 的定位误差。

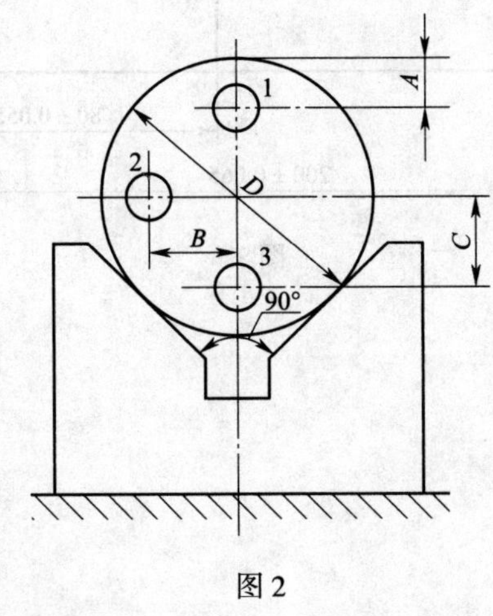

图 2

2. 如图 3 所示工件，A、B 面已由前道工序加工完成。本铣槽工序要求确保尺寸（50 ± 0.05）mm，宽度（30 ± 0.042）mm 由铣刀尺寸保证，试检验本定位方案的定位精度是否满足加工要求。若不能满足加工要求，可采用什么定位方案？

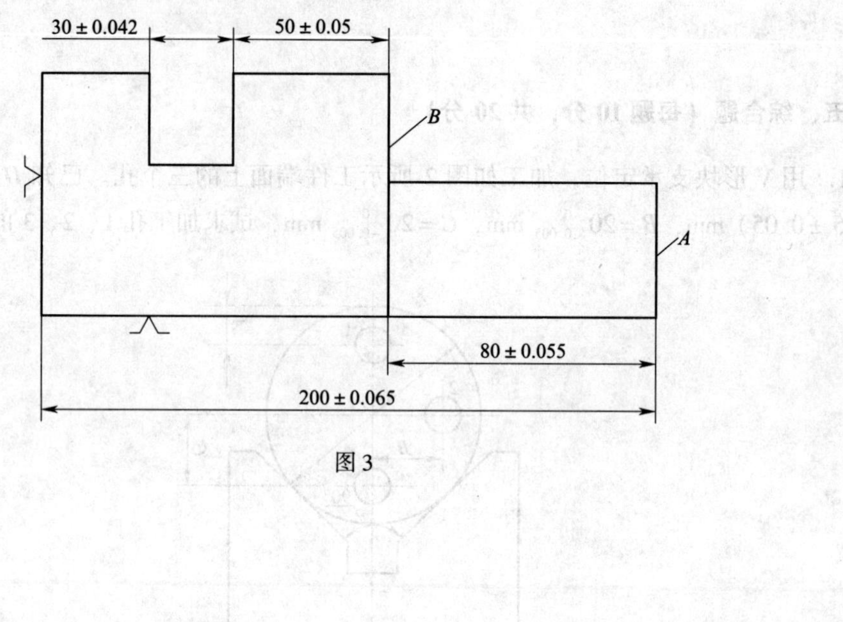

图 3